COMPTE-RENDU

DES

TRAVAUX DU CONGRÈS CENTRAL D'AGRICULTURE.

COMPTES-RENDUS

DES

TRAVAUX DU CONGRÈS CENTRAL D'AGRICULTURE

COMPTE-RENDU

DES

TRAVAUX DU CONGRÈS CENTRAL D'AGRICULTURE,

RÉUNI A PARIS,

Le 26 février 1844 ;

Par M. Benoid, Juge d'Instruction à Gannat,

Délégué du Comice du canton d'Escurolles (Allier.)

Séance du 4 juin 1844.

Riom,

IMPRIMERIE DE E. LEBOYER, LIBRAIRE,

RUE DU COMMERCE.

—

1844.

COMPTE-RENDU

DES

TRAVAUX DU CONGRÈS CENTRAL D'AGRICULTURE,

RÉUNI A PARIS,

Le 26 février 1844;

Par M. Benoid, Juge d'Instruction à Gannat,

Délégué du Comice du canton d'Escurolles (Allier.)

Séance du 4 juin 1844.

Par M. Benoid, Juge d'Instruction à Gannat,

Délégué du Comice du canton d'Escurolles (Allier.)

MESSIEURS,

La mission que j'ai partagée avec M. de Mont-
laur, au Congrès central d'Agriculture, réuni à
Paris, en qualité de délégués de votre Comice,
m'imposait une seconde tâche à moi, votre collè-

gue le plus ancien, c'était celle de vous rendre un compte sommaire, à notre première réunion, des travaux de cette assemblée pleine d'avenir pour l'œuvre qui nous associe.

Sur plusieurs points de la France, des Congrès d'Agriculture ont eu lieu par intervalles; mais les résultats de ces Congrès ont rarement dépassé le cercle des Sociétés d'Agriculture d'un même département ou de quelques départements voisins.

L'organisation de notre Société nouvelle ne comporte plus en France de véritables progrès sociaux pour des intérêts partiels. Il faut aujourd'hui, aux intérêts d'une industrie grande et large, un centre commun d'action; c'est le seul moyen d'harmoniser les besoins privés de chaque partie de notre ordre social avec le principe gouvernemental qui puise l'énergie de sa force dans la centralisation des pouvoirs.

Cette vérité de notre époque a été comprise par le Comice de Senlis (Oise), qui, le premier, a eu l'idée de provoquer un Congrès central d'Agriculture à Paris; et vous ne devez pas douter que cette heureuse idée ne soit féconde en bons résultats pour les intérêts agricoles.

Le siége du Congrès central ne pouvait résider utilement qu'à Paris. La représentation de l'Agriculture, source première des richesses de la France, trouve naturellement sa place à côté des pouvoirs qui président aux destinées du pays; et ses griefs seront d'autant mieux entendus, que le caractère de ses délibérations portera le cachet de la dignité du rang qui lui appartient dans l'Etat.

Le monde agricole, Messieurs, est la partie sage de la nation. Le gouvernement devait accueillir avec bienveillance une réunion d'hommes qui avaient pour but la défense des intérêts de l'Agriculture et l'étude à faire pour mettre en progrès ses produits.

Une des salles du palais de la Chambre des pairs a été mise à la disposition des membres du Congrès, par M. le duc de Cases, grand référendaire, président du Congrès. Cet homme d'Etat, protecteur zélé des intérêts agricoles, a porté, dans la direction des délibérations du Congrès, sa longue expérience des assemblées délibérantes et l'appui de son talent.

Le bureau se composait d'hommes d'un mérite non moins distingué par leurs connaissances agricoles. Le département de l'Allier avait l'honneur d'y être représenté par M. de Tracy, député, et par M. Thouret, ancien député, l'un et l'autre membres du Conseil-Général de l'Agriculture. L'état de santé de M. Thouret ne lui a pas permis de se rendre à Paris, et cette circonstance fâcheuse a privé le Congrès de son talent et de ses lumières (1).

(1) Composition du bureau : MM. le duc de Cases, président ; comte Gasparin, pair de France ; de Tracy, député ; Thouret (de l'Allier); marquis de Torcy, vice-présidents.

MM. Baron de Tocqueville, délégué de la Société d'Agricul-

Le 26 février, la séance s'ouvrit par un discours prononcé par M. de Torcy, l'un des vice-présidents. Je dois au hasard d'avoir pu quelques instants apprécier en particulier les formes bienveillantes de M. de Torcy et la justesse de ses idées.

Un règlement qui constituait le Congrès et qui fixait l'ordre de ses délibérations, qui ne pouvaient avoir pour but que l'expression de vœux, fut publié et adopté. Ce règlement fixa également la durée du Congrès à huit jours, et immédiatement des commissions se formèrent et se partagèrent les travaux que le programme avait arrêtés.

Tous les jours, les séances du Congrès se prolongèrent de midi à cinq heures. L'esprit, dans ces longues séances, trouvait un aliment suffisant pour maintenir sa force d'attention dans les discussions savantes de plusieurs sommités agricoles et industrielles qui faisaient partie du Congrès. Un grand nombre de députés se sont adjoints à ses travaux, et vous comprendrez tout le sérieux et tout l'intérêt qui s'est constamment attaché aux délibérations du Congrès, lorsque vous saurez que chaque

ture de Compiègne; comte d'Esterno, délégué de la Société d'Agriculture d'Autun; Fouguier-d'Hérouelle, délégué du Comice de St-Quentin; comte de Caumont, délégué de l'Association Normande, scrutateurs.

MM. Elizée Lefevre, secrétaire; A. Pommier, secrétaire-trésorier.

séance n'a pas contenu moins de 3oo membres délibérants.

J'ai cru devoir, Messieurs, vous donner ces détails préliminaires. J'ai pensé qu'il était utile de porter à la connaissance Ide tous les membres du Comice, la réussite de l'organisation sérieuse et vitale du Congrès central d'Agriculture à Paris.

Les espérances d'un avenir prospère pour l'œuvre pour laquelle on travaille, encouragent nécessairement à faire des efforts pour activer le moment de cette prospérité.

Maintenant, je vais rapidement analyser les délibérations qui ont été prises au Congrès, sur les différentes matières de haute organisation sociale qui ont été mises en discussion. Chacun de vous pourra s'édifier plus amplement, s'il le désire, par la lecture des procès verbaux des séances et des rapports imprimés qui seront envoyés à tous les Comices représentés à Paris.

Dans ce compte, que je rendrai le plus court possible, vous me permettrez de vous soumettre les raisons qui ont déterminé mon vote personnel. Cela plaît à la liberté de ma conscience et à l'indépendance de mes convictions, dans tout intérêt moral, politique ou matériel.

L'enseignement agricole était placé au second rang des besoins et des intérêts généraux du programme des délibérations du Congrès. Une partie de la première séance fut employée à la discussion immédiate de ce point théorique qui forme la base de l'organisation sociale agricole; mais cette discussion fut incomplète. Elle ne put se reproduire utilement qu'après le rapport de la Commission chargée de l'examen de cette question.

Il arriva, ainsi que cela se présente toujours dans toute assemblée délibérante, que l'ordre de matière établi par le programme fut interverti, et la discussion s'ouvrit sur les matières que les circonstances et le travail des commissions préparèrent plus vite à la discussion.

Je suivrai donc, pour rendre mon analyse plus exacte, l'ordre des séances. Je vous parlerai d'abord des objets qui ont été discutés, approfondis et votés, et je vous indiquerai ensuite les matières du programme que le temps et l'importance du sujet n'ont pas permis au Congrès de traiter dans cette première session.

PLANTES OLÉAGINEUSES.

L'ordre du jour de la séance du 27 appela la discussion sur les plantes oléagineuses et sur l'importation des graines de ces produits. On avait annoncé au Congrès que la Chambre des députés devait sous peu de jours s'occuper de cette matière, et ce fut le motif qui détermina en premier ordre l'examen des produits oléagineux.

La Commission fut peu favorable à la trop grande

importation des graines oléagineuses. L'expérience avait démontré suivant elle, que le bien qu'on avait attendu de la facilité donnée à l'introduction des graines oléagineuses où se place en premier rang la graine de Sésame, originaire d'Egypte, n'avait pas produit une diminution dans le prix de l'huile, et avait nui au contraire au commerce intérieur des huiles par la diminution des produits indigènes de cette denrée. Pour arrêter le mal que signalait la Commission, elle proposa d'établir un droit protecteur sur les graines oléagineuses en général, suivant le rendement comparé avec l'importation des huiles végétales. Ce mode de taxe me parut une juste mesure, eu égard au droit qui frappait déjà l'importation des huiles confectionnées, et je m'adjoignis à la majorité du Congrès pour l'admission de cette proposition dont le gouvernement vient d'adopter le principe dans la loi de douane présentée aux Chambres le 26 mars dernier.

Notre sol, Messieurs, a dû abondamment fournir l'huile de noix, mais le déboisement journalier de nos campagnes par l'arrachement du noyer que nous avons le droit d'appeler l'olivier de notre pays, ne donne plus d'importance à ce produit. La culture ne perd rien en débarrassant l'intérieur des terres des noyers qui en couvraient la surface ; mais il serait sage de ne pas abandonner la plantation de cet arbre précieux, en le plaçant partout

où il peut le moins nuire à la culture des céréales.
Vous devez maintenir cette richesse de bonne
nature dans notre contrée, en encourageant la
plantation du noyer jusqu'à concurrence au moins
des besoins de la consommation locale. La soupe
du pauvre et la préparation de ses aliments trou-
vent, dans l'emploi du beurre que la nouvelle culture rend plus commun, une matière meilleure
au goût et plus appropriée au maintien d'une bonne
santé, mais l'huile a sa destination particulière que
rien ne peut remplacer.

Les adversaires des plantes oléagineuses criti-
quèrent sa culture comme épuisante pour le sol,
et ils en demandèrent la prohibition entière. Cet
avis fut combattu ; on soutint au contraire que la
plante oléagineuse rendait plus à la terre par son
résidu qu'elle ne prenait de sa substance.

Le rendement en argent du Colza fut invoqué en
faveur de cette production, et je me rappelai en
effet, dans cette circonstance, qu'un propriétaire
du canton de Varennes qui cultive le Colza, avait
eu l'occasion de me dire qu'il retirait de grands
produits de la vente de la graine de cette plante,
qui peut s'approprier à la force saine et substan-
tielle du terrain de certaines parties du canton
d'Escurolles.

Je repoussai avec la majorité du Congrès la prohibition réclamée pour la culture des plantes oléagineuses. Un système absolu de prohibition pour

un produit quelconque est un obstacle nuisible au développement de la richesse publique. Les productions variées d'un pays et la concurrence qu'il est libre à chacun d'établir, en s'appropriant, suivant les lieux qu'il habite, la culture de ces produits, sont des éléments utiles à sa prospérité.

La majorité de la Commission se montra moins tolérante pour l'un des accessoires du produit des plantes oléagineuses. Elle demanda à ce que l'importation des tourteaux (résidus des produits oléagineux) fût entièrement interdite. C'est un engrais que l'Angleterre emploie beaucoup et achète très-cher ; mais la majorité du Congrès se rangea sagement de l'avis de la minorité de la Commission, qui demandait seulement que l'importation des tourteaux fût frappée du droit fixé par l'echelle établie par le Conseil général de l'Agriculture.

Ce vote repoussa pour la seconde fois les conséquences dangereuses de tout système exclusif. En toute chose, il faut éviter cette voie, lorsque rien ne force à s'y placer. On obtient des autres ce qu'on fait pour eux, et les bonnes relations des peuples reposent, comme celles des simples particuliers, sur les droits concédés avec bienveillance, équité et justice.

IMPOT SUR LE SEL.

L'impôt douanier sur le sel fut l'objet mis en discussion à la 3me séance.

En agriculture, le sel est d'un bon usage. Il agit utilement sur l'estomac des animaux, comme sur celui des hommes, et sert à déguiser à l'animal une nourriture d'une qualité inférieure, qui lui profite également, lorsqu'elle est mangée avec appétit. Dans les montagnes, la fabrication du fromage et du beurre, en consomme une grande quantité. Il est nécessaire d'en donner aux vaches pour leur faire rendre le lait qu'elles ont; aussi, l'impôt du sel pèse lourdement sur ces contrées; et vous savez que le prix élevé du sel ne permet pas à l'agriculture d'employer à d'autres usages, ce stimulant puissant.

La suppression de l'impôt du sel fut vivement réclamée par un membre de la Chambre des Députés. Cet orateur demanda immédiatement cette suppression par sentiment d'humanité comme une matière de première nécessité pour la vie du pauvre, comme pour la vie du riche.

La vérité de ces paroles fut comprise par le Congrès; mais on n'admit pas cette exagération de tribune parlementaire, qu'il ne fallait pas se préoccuper comment le gouvernement remplacerait cet impôt. Le système de la Commission reposait sur une autre base. Elle offrait, pour essai, de conférer au gouvernement le droit de vendre le sel et de le placer en régie comme le tabac. Elle donnait, pour exemple d'un bon résulat, ce qui a lieu dans l'arrondissement de Gex, frontière de la Suisse, où le gouvernement a un établissement de ce genre, et qui permet l'abaissement du prix du sel.

Cette proposition fut repoussée avec raison ; ce qui convient sur une petite échelle, a souvent de graves inconvénients dans son application à l'étendue de tout un pays, et les abus d'un monopole, s'augmentent et deviennent sérieux à proportion que la matière est d'un besoin plus général.

La majorité du Congrès, se renfermant dans la nature de ses délibérations, forma le simple vœu que l'impôt sur le sel fût supprimé, ou qu'il fût baissé, au moins, le plus tôt possible.

ENSEIGNEMENT AGRICOLE.

La question de l'enseignement agricole fut mise de nouveau à l'ordre du jour. Plusieurs systèmes d'enseignements furent présentés. On offrit pour modèle, l'éducation agricole qui se pratique dans d'autres états où l'Agriculture, disait-on, est plus avancée qu'en France. Les établissements de l'Allemagne, de l'Écosse, visités par quelques membres du Congrès, servirent de base à la proposition de certains systèmes d'enseignements agricoles.

On écoute avec intérêt ce qui se pratique avec avantage sur la terre étrangère ; mais ces termes de comparaison ne sont pas sans dangers, et ils doivent être appréciés avec la plus grande réserve. Ce qui se pratique facilement ailleurs, peut illu-

sionner l'esprit ou diminuer la confiance dans l'a-
venir de son propre pays. Il faut, avant tout, éviter
toute confusion, et n'adopter les règles de conduite
d'un autre peuple, que lorsqu'on trouve chez soi les
mêmes éléments d'application.

Cette question, Messieurs, prête largement à la
discussion. Chacun peut formuler un mode d'enseignement dont l'application lui paraît facile. La
difficulté, selon moi, consiste à faire reposer un
système d'enseignement sur une base large et solide;
et pour obtenir ce résultat avec économie et utilité,
il faut toujours prendre, pour point d'appui, les
institutions déjà existantes.

Cette dernière raison me fit goûter l'idée qui fut
émise d'enseigner l'Agriculture dans les colléges
et dans les écoles primaires. Mais, je ne concevrais
l'utilité de l'enseignement agricole du collége, que
lorsque l'élève serait parvenu aux classes les plus
élevées. Alors, ce serait ouvrir à l'esprit du jeune
homme une voie nouvelle à son aptitude. L'enseignement du collége pourrait recevoir un développement complet, théorique et pratique, dans de
hautes écoles d'Agriculture, qui seraient établies
dans les départements qui offrent le plus de ressources à l'application pratique des théories agricoles. Ces établissements pourraient également
servir d'école normale pour former des professeurs
d'Agriculture, qui manquent actuellement. Cette
considération servit d'objection contre le système

que je développe; mais je crois cette objection peu sérieuse; le génie français a des ressources qui ne le laissent jamais en arrière des besoins du pays.

Les éléments de la science agricole, enseignés dans les écoles primaires, seraient, dans les campagnes, d'un bienfait général et d'une application pratique immédiate et journalière. Le simple laboureur comprendrait plus facilement le langage de la science agricole, et se prêterait, par conséquent, plus volontiers aux améliorations dont les conséquences, en théorie, ne lui seraient pas entièrement cachées. Le haut enseignement agricole s'appuyant sur l'enseignement des éléments de la science, répandus dans les campagnes, donnerait, nécessairement, une force d'action puissante aux progrès de l'Agriculture, dont l'avenir de prospérité repose encore sur onze millions d'hectares improductifs.

Le Congrès termina cette discussion en déclarant que l'Etat devait l'enseignement agricole, comme l'enseignement de toute autre science; et il forma le vœu que le gouvernement avisât, dans sa sagesse, aux moyens les plus convenables pour remplir cette dette envers le pays.

ENTRÉE DES BESTIAUX.

L'ordre du jour appela la discussion sur le rapport de la Commission des bestiaux. Cette question,

2

d'un intérêt général et si grand pour l'Agriculture, méritait toute l'attention de l'Assemblée. Le chef de l'école nouvelle (M. Blanqui), qui réclame pour le commerce une entière liberté et la suppression complète de tout droit pour l'importation et l'exportation des produits de toute nature, fut écouté dans cette question avec l'intérêt que mérite son talent. Il soutint que les éleveurs français n'aurait point à souffrir de la libre entrée des bestiaux étrangers, et que ce moyen, sans nuire à la richesse agricole de la France, apporterait une juste amélioration dans la nourriture des classes pauvres et laborieuses, en faisant baisser le prix de la viande.

Cette opinion fut combattue en ce qu'elle avait de contraire à la vente des bestiaux régnicoles. On soutint que les faits contredisaient les espérances qu'on venait de donner, puisque les bestiaux étrangers, malgré les frais de route et la taxe qui les frappe, font encore concurrence sur le marché de Paris, aux bestiaux de France.

L'envahissement des marchés français par les bestiaux étrangers, serait, en effet, une cause de découragement funeste pour ce produit intérieur si nécessaire aux progrès de l'Agriculture, comme étant, ainsi qu'on l'observa, la source première et la plus abondante pour fournir à la terre l'engrais dont elle a besoin.

La majorité du Congrès décida que le droit protecteur qui frappe actuellement les bestiaux étrangers devait être maintenu. L'Assemblée, cependant, en décidant ainsi, ne rejeta pas à tout jamais, la possibilité de supprimer ce droit; pleine d'espérance dans l'avenir agricole de la France, elle pensa que le moment était prochain où, sans danger, cette mesure pourrait être prise, et le Congrès s'associa pleinement au souhait généreux de rendre l'aliment de la viande plus général, s'il pouvait arriver un abaissement dans le prix de la viande de la concurrence établie entre les bestiaux français et les bestiaux étrangers en temps opportun.

Le tarif qui frappe par tête les bestiaux étrangers, date de l'ordonnance du 23 avril 1822. Ce tarif fut confirmé par la loi de douane, du 27 juillet de la même année, et il est peut-être à propos de rappeler les droits qu'elle établit.

Payent : . . . . . Bœufs. . 5o f. . . c.
Vaches . . 25 »
Taureaux, Taurillons et Bouvillons . 15 »
Génisses . 12 5o
Veaux . . 3 »

Cette question intéressait notre département. Les bœufs gras du Bourbonnais se présentent avec honneur sur les grands marchés de la France, et ils attestent les ressources de notre pays et l'intelligence de nos éleveurs.

Vous n'ignorez pas, Messieurs, les résultats flatteurs qu'obtient M. Larzat, notre président, et je dois consigner ici, comme un titre de gloire pour notre Comice, la vente qu'il a faite dernièrement de deux bœufs, au prix de 2,8oo fr., au concours de Lyon ; un de ces bœufs a été primé.

La Commission demanda qu'à l'entrée des villes le droit d'octroi fût perçu, non par tête, mais au poids. Cette mesure me parut d'une application plus juste, en atteignant la valeur de la chose, et je votai avec la majorité pour ce mode de perception, tout en comprenant que cela était contraire aux intérêts des engraisseurs.

Cette voie de justice pour tous vient d'être adoptée en principe par le gouvernement, et c'est une protection de plus accordée aux bestiaux français. Dans l'exposé des motifs de la loi des douanes distribué à la Chambre des députés, le 1er avril dernier, le ministre rend compte d'un nouveau traité fait avec la Sardaigne, par lequel les bestiaux sardes seraient tarifés, à leur entrée en France, au poids et non par tête. Lorsque l'occasion s'en présentera, il est probable que ce mode sera suivi pour tous les états qui avoisinent la France.

LAINES.

La question des laines se présenta après celle des bestiaux, et cette matière donna lieu à de longues et vives discussions entre les producteurs de laine et les fabricants de lainages.

La Commission demanda que la taxe de 22 fr., qui frappe les laines étrangères, fût portée à 33 f., et que le droit de préemption, qui est de trois jours, fût porté à six jours. La discussion ne fut

pas moins vive pour savoir si le droit p. o¡o serait
perçu par catégorie ou *ad valorem*.

Je ne dois pas craindre de vous avouer, Messieurs, que la discussion, sur cette matière comme
sur beaucoup d'autres, était neuve pour votre délégué rapporteur, et j'ai dû recueillir souvent toute
mon attention pour fixer, dans ma pensée, le bon
droit des prétentions réciproques, et pour suivre,
en connaissance de cause, la voie de la justice et
de l'intérêt général.

J'ai admis, avec la majorité du Congrès, dans
la question des laines, les conclusions de la Commission. Il me fut démontré que les producteurs de
laines avaient besoin d'être protégés, et cette nécessité me parut évidente après les explications qui
furent données au Congrès, par un habitant de la
Russie. D'après les renseignements fournis par ce
membre du Congrès, en Russie, les produits en
laine sont considérables. On compte, dans ces contrées, des troupeaux de 60,000 moutons. L'hectare
de terre en bon pâturage, dans certaines parties
de cet empire, se vend de 10 à 15 fr.

La connaissance de ces faits seuls suffit pour dé-
montrer la concurrence redoutable que ce pays
doit faire aux laines de France par la quantité et
par la qualité de ses laines. Le climat froid est favorable à la belle et bonne laine.

Nos contrées n'ont aucun intérêt dans ce produit. Le mouton n'aime pas nos riches et grasses
plaines et nos coteaux marneux ; il lui faut un vaste

parcours et une herbe aromatisée. Nos terres à sei-
gles ne donneront jamais que des moutons mau-
vais en viande et en laine.

L'extension du temps de la préemption était une
conséquence du droit protecteur qu'on accordait
aux laines de France.

Le plus grand nombre de mes auditeurs ignore
peut-être, comme je le faisais moi-même, ce qu'on
entend par la préemption. Il faut donc que je le leur
apprenne, comme je l'ai appris au Congrès. La
préemption est le droit qui est accordé à la douane
de prendre pour son compte les laines introduites
en France, moyennant un bénéfice de 10 p 0/0,
accordé au propriétaire de la laine sur la valeur
déclarée.

On conçoit que plus l'introducteur de laines
reste sous le coup de la crainte d'être dépouillé de
sa marchandise, plus il est porté à faire une décla-
ration sincère de sa cargaison, dont le prix d'achat
augmente alors par les droits perçus par la douane.

Le droit perçu par catégorie parut avoir des inconvénients. Le mode de perception *ad valorem* fut
adopté par la majorité du Congrès,

VINS.

La question des vins devait avoir son tour. Les
produits vinicoles intéressent un grand nombre de
départements. Ceux du midi se plaignent surtout
de leur détresse. Le rapport de la Commission

constata que les vins qui étaient le plus en souffrance étaient les vins fins.

Je n'irai pas jusqu'à dire que nos vins doivent
entièrement se classer dans cette catégorie ; mais
il est certain que la plus grande partie des vigno-
bles de l'arrondissement de Gannat produisent des
vins délicats et bons , et leur teinte agréablement
colorée refuse les mélanges frauduleux du commerce. Il faut donc admettre que nos contrées ont
leur part de souffrance.

La Commission , dans son rapport, déclara que
la gêne, dans les produits des vins, n'était pas dans
la trop grande étendue de terrain en France planté
en vignes ; elle fut, au contraire, d'avis que les
besoins de la consommation permettaient encore
la plantation de la vigne.

Il est bon, cependant, de se prémunir contre de
trop grandes espérances, et je dois opposer à cette
opinion les renseignements consignés dans le rapport du ministre, distribué à la Chambre des députés, le 1er avril dernier, desquels il résulte, par
des chiffres, que le progrès de la culture de la vigne
se trouve presqu'en rapport avec celui de la population, et que la petite différence qui existe est
plus que comblée par les procédés nouveaux em-
ployés à la fabrication des vins.

Aussi le gouvernement a-t-il exprimé le vœu de
pouvoir ouvrir, à nos produits vinicoles, un écou-
lement plus facile sur les marchés du dehors. Mais
l'exposé des motifs ne laisse pas ignorer les diffi-

cultés qu'on peut rencontrer dans la recherche des débouchés extérieurs.

« Malheureusement, y est-il dit, plusieurs des
» pays où les débouchés de nos pays vinicoles étaient
» susceptibles de s'étendre, se sont livrés à la cul-
» ture de la vigne que leur sol avait paru jusqu'a-
» lors refuser. Cette culture a pris en Allemagne
» une grande extension ; elle s'est naturalisée dans
» quelques provinces méridionales de la Russie,
» au cap de Bonne-Espérance, dans les établisse-
» ments européens de l'Australie, et jusque dans
» l'Amérique du sud. »

Je reviens au Congrès : le rapporteur de la commission signala comme seules causes de la non valeur des produits vinicoles l'impôt onéreux qui frappe les vins et les moyens pernicieux de la falsification des boissons. Les conclusions de la commission reclamèrent le redressement de ces deux causes ruineuses pour le produit des vins. La commission demanda l'abaissement de l'impôt des vins aux taux des autres denrées, et surtout la prohibition immédiate de la surtaxe d'octroi que les villes au-dessus d'une population de 5,000 âmes ont le droit de réclamer. Elle appela l'attention scrupuleuse et sévère du gouvernement sur la falsification insalubre des vins qui se répand partout, et qu'elle fit entrer pour 1/4 au moins dans la consommation de Paris. Ce dernier vœu était déjà compris ; la Chambre des députés a voté le 2 avril dernier une loi sur la falsification des vins.

Le Congrès s'associa pleinement aux vœux de la Commission, et dans ce vœu, il comprit, de toute justice, les cidres et poirés, comme devant participer au bénéfice de la diminution de l'impôt, malgré l'opposition qui s'éleva de la part des producteurs des vins; tant l'intérêt individuel est le premier mobile des intérêts des hommes qui, malheureusement, sont vite et trop souvent oublieux des intérêts des autres, lorsqu'ils se croient satisfaits dans ceux qui les concernent en particulier.

CHEVAUX.

On appela l'examen du Congrès sur la question des chevaux. Les membres qui en firent la demande rattachèrent cette question à la défense du pays, et à ce titre, ils tinrent à honneur de traiter cette question avant la séparation du Congrès.

Deux systèmes furent développés sur les moyens d'améliorer la race chevaline: le premier offrait, comme moyen d'amélioration des chevaux, la diminution de travail du trait par l'emploi d'un roulage moins pesant. Ce projet tendait à imposer, en tous lieux, un léger charriot à quatre roues, à la place de la charrette, et à exiger, comme auxiliaire, l'entretien d'une bonne vicinalité.

La France devait obtenir à ces conditions le cheval léger dont elle aurait besoin, en cas de guerre, et qu'elle ne pourrait fournir, disait-on, dans l'état actuel des choses.

Le second système, plus simple et moins coûteux que le précédent, qui imposait la création d'un matériel nouveau et considérable de roulage, réclamait seulement le bénéfice dans chaque arrondissement, de faire saillir gratuitement par les Harras et d'améliorer ainsi les races par les produits des bonnes races.

Le rapport de la Commission avait également ses vues particulières. Elle développa longuement ses conclusions, qu'elle termina par un projet entier et nouveau, appliqué à l'Administration des harras.

Le cheval étranger paye à la frontière 25 francs. On demandait que ce droit fût porté à 5o fr. C'était peut-être une exigence prématurée qui pouvait nuire aux besoins du service intérieur au profit d'un petit nombre d'éleveurs français : car, le prix élevé des chevaux témoigne suffisamment que l'industrie chevaline est peu en progrès en France. Le Congrès ne prit aucune détermination sur ces différentes questions, déterminé, par cette raison, que la question des chevaux méritait une étude et un examen plus approfondis.

CHAMBRES CONSULTATIVES.

Il ne me reste, Messieurs, pour terminer le compte des matières qui ont été mises en discussion, qu'à vous parler des Chambres consultatives de l'Agriculture.

Cette partie du programme du Congrès est la

constitution organique de la Société agricole ; c'est la représentation légale et délibérante des intérêts de l'Agriculture au chef-lieu du département. Vous comprenez toute l'importance qui s'attache à cette question, qui doit ajouter un nouveau rouage à l'organisme social qui nous régit, et donner à l'Agriculture le rang qu'elle mérite d'occuper dans l'Etat.

Le sommet de l'édifice, placé à côté de celui qu'on veut élever, fixe d'abord les regards ; aussi, la création d'un ministère spécial de l'Agriculture fut l'idée première émise par plusieurs membres du Congrès. Cette proposition fut étudiée par la Commission chargée de l'examen d'une organisation administrative agricole en rapport avec son importance. La Commission ne fut pas d'avis que le Congrès exprimât le vœu qu'un ministère spécial fût chargé de représenter les intérêts de l'Agriculture dans les Conseils du gouvernement. Elle trouva dans un titre plus modeste une garantie suffisante, meilleure et plus stable pour une bonne administration, et elle pensa qu'un directeur général de l'Agriculture, attaché au ministère qui existe aujourd'hui, devait suffire pour veiller aux intérêts agricoles et les élever au rang qu'ils méritent d'avoir.

Plusieurs considérations devaient faire accueillir favorablement cette proposition, et déterminer la majorité du Congrès à faire le sacrifice d'un point d'amour-propre pour des intérêts plus réels. L'économie d'un gros traitement est la considération qui se présente la première en ligne de compte. Il est également sage de ne pas admettre un nombre trop grand de ministères, car le pays n'ignore pas que le poste de ministre est la convoitise journalière des hommes politiques, qui, constamment tenus en échec au pouvoir par les partis parlementaires, peuvent avoir quelquefois le temps de préparer le bien, mais rarement celui de l'accomplir, au grand détriment de la chose publique.

La composition des Chambres consultatives présenta tout d'abord deux points délicats à juger. La discussion de ces deux points tombait naturellement dans le domaine des orateurs de l'opposition de nuance politique différente, qui faisaient partie du Congrès.

L'Assemblée perdit son calme ordinaire, et la discussion devint vive et bruyante. En premier lieu, il s'agissait de savoir si les Chambres consultatives de l'Agriculture seraient formées sur le modèle des Chambres consultatives de commerce. Ces dernières se forment ainsi : le préfet désigne des notables commerçants qui nomment les membres des Chambres consultatives.

Cette manière de procéder souleva de nombreuses réclamations. On demanda le rejet de l'intervention administrative pour n'admettre que le mode électif pur.

La seconde difficulté consistait à fixer le nombre des membres des Chambres consultatives, et à déterminer le corps électoral de ces Chambres.

Les uns voulaient fixer le nombre à 3o membres,
les autres demandaient un membre par canton;
enfin, on demandait que le droit de nommer un
membre appartînt à chaque Société d'Agriculture
et à chaque Comice.

La majorité du Congrès mit fin sagement à ce
débat en votant le principe des Chambres consultatives d'agriculture constituées sur un mode électif, mais sans désigner, dans son vœu, la nature
du corps électoral, qui formerait ces chambres, ni
sans déterminer le nombre des membres des chambres consultatives.

Une objection sérieuse se rencontre dans l'organisation des Chambres consultatives de l'Agriculture, et cette objection, c'est l'existence des Conseils
d'arrondissement et des Conseils des départements.
Cette difficulté a du poids pour ceux qui se refusent,
dans l'intérêt du pays, à admettre légèrement des
innovations qui peuvent compromettre les institutions déjà existantes, lorsque l'expérience n'a pas
révélé leur impuissance à faire le bien.

Je ne dois pas craindre de dire que, sur ce point,
ma conviction, pour se former, manquait d'éléments nécessaires. En présence de questions d'un
ordre si élevé, l'hésitation n'est jamais une faute,
et le recueillement est un devoir avant de prendre
un parti.

J'ai compris bientôt, Messieurs, les avantages des
Chambres consultatives de l'Agriculture. Je crois
que ces Conseils agricoles sont un moyen réel, et

je dirai même nécessaire, pour assurer la prospérité de l'Agriculture, et pour lui donner une marche régulière et profitable ; mais je n'admets pas que les chambres qu'on veut donner à l'Agriculture, puissent fonctionner comme les Chambres du Commerce à des périodes indéterminées, et selon que les besoins ou les embarras agricoles sembleraient l'exiger, ainsi que j'en ai entendu émettre l'opinion.

La fluctuation des affaires commerciales n'a rien de commun avec la marche calme et régulière des affaires agricoles. L'Agriculture peut éprouver des malaises, mais jamais des crises qui doivent toujours tenir sur pied les organes chargés d'exprimer ses besoins. Un déplacement inattendu ne peut convenir à l'agriculteur, qui calcule au contraire le temps de ses expériences pour les mettre à profit.

Ce n'est donc, selon moi, qu'à l'instar des Conseils généraux des départements que peuvent utilement s'organiser les Chambres consultatives de l'Agriculture, que je nommerais plus volontiers *Conseils agricoles des départements.*

De là naît un problème à résoudre : c'est celui d'empêcher que des conflits ne s'élèvent entre deux pouvoirs placés l'un à côté de l'autre et sortant l'un et l'autre d'une origine électorale.

Ce mal funeste aux intérêts publics, serait inévitable par la tendance des corps délibérants à empiéter les uns sur les autres, lorsqu'ils puisent leurs droits dans la même source, et qu'ils ont à défendre des intérêts si rapprochés. Le remède à ce mal serait de trouver le moyen de rattacher entre eux les Conseils généraux et les Conseils agricoles des départements; mais les hautes combinaisons d'organisation sociale ne s'improvisent pas, et elles ne peuvent venir qu'à la suite de longues et sages méditations.

Je ne doute pas que le vœu du Congrès ne fixe sur ce point, au plus tôt, l'attention du gouvernement, et que l'Agriculture n'obtienne une juste satisfaction qui intéresse si grandement l'avenir de sa prospérité.

CRÉDIT FONCIER.

La courte session du Congrès ne permit pas la discussion sur plusieurs autres rapports que les Commissions avaient préparés.

Le rapport sur le crédit foncier fut de ce nombre. Le crédit foncier touche, au plus haut point, aux intérêts agricoles. Les questions les plus nombreuses et les plus difficiles se rattachent à cette partie du programme du Congrès. On y voit figurer la réforme du régime hypothécaire; on y traite de la mobilisation de la propriété, comme moyen de se procurer de l'argent, mais moyen trop dangereux pour la richesse territoriale, par cela même qu'il donnerait une trop grande facilité à s'endetter. Enfin, à cette question se rattache encore le taux de l'argent, cette plaie ulcérée pour l'Agriculture.

L'argent, cette matière de convention, en

échange des besoins sociaux, est le nerf de toute industrie. Les progrès agricoles seront toujours en rapport avec les capitaux dont l'Agriculture pourra disposer, mais pour que ces progrès se fondent et se réalisent, il faut qu'ils reposent sur une sécurité d'avenir dans les ressources premières qui lui seront offertes à un taux d'intérêt en rapport avec les produits de l'agriculture.

Un intérêt à 4 o\|o est déjà bien élevé, et si pour le moment ce chiffre était adopté, il serait indispensable d'en modifier la rigueur par un crédit à long terme; par exemple, en prenant le terme de cinq ans, auquel on ajouterait un second délai de cinq ans pour le remboursement de l'emprunt qui s'opérerait par annuités. Ce mode de remboursement se pratique dans d'autres états, où des banques agricoles existent par le moyen des associations individuelles; mais en France, une banque agricole formée par le gouvernement est le seul moyen qui puisse présenter des avantages certains. Les établissements formés par les particuliers, se dévient trop souvent de la première idée qui les a créés, et lorsqu'ils se maintiennent, le désir d'un grand gain prend souvent la place de l'ambition modeste qui semblait tout d'abord présider à leur constitution.

Cette opinion, que les capitaux manquent aux besoins de l'Agriculture, et que je crois aussi la vôtre, me détermina à formuler quelques observations qui furent insérées dans un procès-verbal d'une des séances du Congrès. Dans mon projet de banque de l'Etat, qui n'a, d'ailleurs, d'autre prétention que de présenter une idée incomplète de ce qui pourrait se faire, je voudrais ouvrir un crédit aux conditions des délais et du taux d'intérêt précédemment indiqués, et sur la garantie d'hypothèque exempte de tout droit d'enregistrement à tout propriétaire qui cultiverait 25 ou 3o hectares de terre. L'Etat aurait une grande ressource pécuniaire dans les Caisses d'Epargne, dont les sommes s'élèvent déjà à plus de 350 millions, s'augmentant annuellement de 5o millions; et qui, réversées sur l'Agriculture, produiraient un double bienfait social. L'emploi aux crédits agricoles, de l'argent des Caisses d'Epargne, deviendrait une cause de sécurité publique, et les garanties d'hypothèques dans les mains de l'Etat, seraient un moyen efficace de pacification dans un moment de crise, s'il arrivait qu'on exigeât le remboursement des sommes énormes des Caisses d'Epargne qui sont exigibles à vue du livret.

IRRIGATION.

Le nombre des prairies importe beaucoup à la richesse agricole. Les bestiaux de toute nature se multiplient, si la récolte en foin est abondante.

Un rapport particulier se fit sur les irrigations. Le travail de la Commission avait formulé un projet sur un vaste plan, et qui tendait à rien moins que de créer des écoles et une administration particulière d'irrigations. C'était sans nécessité et à grands frais, vouloir séparer les irrigations de l'éducation générale de l'Agriculture, dont l'irrigation forme une partie intégrante. Cette observation fut objectée avec raison au projet de la Commission.

Les Chambres seront bientôt saisies de cette question, qu'une Commission de la Chambre des députés a déjà examinée. La disposition principale du projet du gouvernement, consiste à donner au propriétaire d'une source ou d'un cours d'eau, le droit, moyennant indemnité, de construire des travaux d'irrigations sur la propriété de son voisin, afin de conduire les eaux dans toutes les parties de son héritage, ou dans ses héritages qui ne sont pas contigus.

Le rapport de la Commission du Congrès donna lieu à une très-courte discussion. Je crus devoir combattre, par quelques observations, une demande du rapport qui me parut s'écarter de la voie d'un bon système législatif, par cela seul, qu'il tendait à séparer de l'ensemble de la loi des irrigations, le droit d'appuyer sur la rive opposée, un barrage pour élever le niveau de l'eau. Le projet du gouvernement, qui doit être présenté aux Chambres, ne s'occupe pas de la création de cette dernière servitude; par conséquent, s'il est adopté dans ses termes, le droit d'appui d'un barrage ne sera pas compris dans cette première loi sur les irrigations.

MORCELLEMENT DE LA PROPRIÉTÉ.

Le morcellement de la propriété fut mis à l'ordre du jour. L'examen de cette question fut vivement réclamé ; mais son importance en fit juger l'ajournement nécessaire.

La Commission, dans son rapport, signalait le morcellement indéfini de la propriété comme un grand obstacle au progrès de l'Agriculture.

J'adopte un côté de cette opinion, eu égard à l'établissement d'un bon assolement qui permet une meilleure culture et des essais d'amendements fertilisants ; mais quant au rendement de la terre en lui-même, je crois que le morcellement lui est favorable ; c'est un exemple que nous avons sous les yeux, et que notre pays nous offre tous les jours.

Cette question, Messieurs, ne touche pas seulement à des intérêts matériels ; la division des propriétés, en France, est un droit garanti par nos lois civiles et politiques. Ce point domine la question, et il n'est plus permis un retour au passé. Ce serait se placer sur cette voie si on admettait, avec la Commission du Congrès, que le partage de la propriété ne pût s'opérer que dans une certaine contenue de terrain. La ventilation forcée des terres qui seraient déclarées impartageables, deviendrait une cause de perturbation et d'embarras journaliers. Ce serait créer une véritable spoliation de la famille du petit propriétaire que nos progrès sociaux doivent placer, au contraire, sous la protection du droit commun, et l'aider à grandir par les profits de son travail et de ses économies. Ce serait encore donner naissance aux prolétaires des villages, qui viendraient grossir le nombre des prolétaires des villes déjà bien grand. Cela n'est pas une cause de sécurité publique, et dans l'état libéral de notre Société actuelle, cette mesure législative détruirait un puissant moyen de bon ordre, en privant une grande partie de la population du titre de propriétaire, que tout homme affectionne, quelle que soit la petite parcelle de terre qui forme son héritage.

L'esprit d'association serait un remède applicable au mal du morcellement, sans troubler l'ordre nouveau qui nous régit ; mais on est obligé de reconnaître que cet esprit a besoin de se créer en France. Ce bien moral, pour un peuple, naît principalement de la confiance dans ses institutions. Nos luttes politiques incessantes n'ont rien d'alarmant pour le maintien des institutions qui nous régissent ; mais elles altèrent les relations sociales ; elles placent les hommes entre eux dans un état permanent de suspicion ; et elles donnent naissance aux partis et à l'individualisme ; le contraire de l'union des intérêts généraux et privés.

Détruire ce mal de notre époque, c'est là un grand progrès à faire. L'exemple, pour être profitable, devrait partir des premiers anneaux de l'échelle sociale ; mais la partie de la nation qui s'approprie l'intelligence, ne paraît pas encore disposée à prendre cette voie ; il faut donc se placer sur les derniers échelons pour tenter un bien dont les résultats seraient favorables au bien-être moral et matériel des populations, en donnant à l'Agriculture des moyens plus larges d'amélioration.

Je n'appuie pas ce système sur la fusion des sentiments humains et sur des idées de haute philantropie. Je prends notre Société telle qu'elle est, avec ses vertus et ses vices, et je voudrais arriver à l'association territoriale par l'encouragement d'une prime, c'est-à-dire par un crédit qui serait ouvert à la banque agricole de l'État aux petits propriétaires qui formeraient entre eux une société de culture pour une certaine contenue de terre, et pour un nombre d'années qui serait déterminé. La raison de ce crédit aurait le même fondement que l'exemple que j'ai posé au crédit foncier en faveur des propriétaires-cultivateurs de 25 ou de 30 hectares de terre. J'ai fait de cette proposition le second motif de ma note remise au Congrès.

Les conclusions de la Commission se terminèrent en demandant le retour à la loi de 1824, qui favorisait les achats et les échanges des héritages contigus, en n'exigeant, pour l'enregistrement, qu'un droit fixe d'un franc ; mais la Commission reconnaissait en même temps le besoin de remédier aux abus que cette loi avait introduits, et recommandait la recherche des moyens pour arriver à ce but.

Le temps ne permit pas au Congrès de s'occuper sérieusement de beaucoup d'autres questions insérées au programme.

« L'embrigadement des gardes-champêtres, cette mesure si utile pour s'assurer d'un service qui souffre dans toutes les communes, et le projet d'un Code rural en harmonie avec les besoins actuels de l'Agriculture, furent cependant l'objet d'un court examen de deux Commissions.

La question des céréales dont l'importation en froment seul, coûte annuellement à la France 17 millions, d'après des calculs statistiques que j'ai eus sous les yeux, il y a peu de jours, fut entièrement écartée comme sujet trop important pour être traité dans cette première session ; enfin, plusieurs vœux généraux furent exprimés : on demanda le reboisement des montagnes, la suppression du parcours de vaine pâture. On recommanda une bonne vicinalité, et on sollicita du gouvernement une plus forte allocation en faveur de l'Agriculture. Cette allocation au budget s'élève aujourd'hui à 800,000 fr. Cette petite somme nous donne le droit de nous plaindre en présence des millons alloués à d'autres industries. L'Agriculture cependant ne perd pas ses droits, et un moment viendra où nécessairement il faudra aider la mère nourricière pour qu'elle alimente les actives industries qui s'élèvent autour d'elle.

Dans le cours des séances du Congrès, M. le président exprima l'intention d'établir, au prochain Congrès, une exposition d'instruments aratoires inventés ou perfectionnés. Cette mesure aurait un avantage évident en plaçant sous les yeux des membres du Congrès des modèles d'instruments utiles, dont l'usage peut être inconnu de diverses localités. La charrue perfectionnée de M. Dégoutte de Cognat, notre collègue, figurerait utilement dans cette exposition.

En vertu de l'article 9 du règlement, la veille de la clôture du Congrès, les délégués des Comices et des Sociétés d'Agriculture, furent convoqués pour la vérification de leurs pouvoirs ; et pour procéder à la nomination d'une commission de 15 membres, chargée de préparer le programme du prochain Congrès et d'en fixer l'époque. Cette Commission a été nommée, et c'est par ses soins que les travaux du prochain Congrès seront déterminés et fixés.

Tel est, Messieurs, le compte fidèle que je devais vous rendre de l'organisation et des travaux du Congrès central de Paris. Malgré tous mes efforts, cette revue générale des plus grands intérêts sociaux ne m'a pas permis de reproduire mes notes et mes souvenirs aussi brièvement que je l'aurais désiré. J'avais besoin de tout parcourir pour que personne de vous n'ignore l'influence que doivent nécessairement exercer sur l'avenir de l'Agriculture les travaux du Congrès central.

Quant à moi, je n'avais d'autre titre à votre confiance, que l'habitude par devoir d'écouter la discussion. Ma prétention unique se renfermait dans le désir de vous dire exactement et le plus clairement possible ce que j'avais vu et entendu. Si j'ai dit davantage, c'est une obligation qui m'a été imposée par les délibérations importantes d'une assemblée dont j'ignorais à mon départ pour Paris, la nature et le but, et auxquelles vos délégués ont pris une part égale d'intérêt.

Ce n'est pas, Messieurs, sans un motif à votre louange, que je tiens à constater que le Comice du canton d'Escurolles n'était pas fixé sur le but de la réunion agricole de Paris. Votre empressement à prendre date, sur un simple bruit, au Congrès Central d'Agriculture de France, est le témoignage le plus vrai de votre zèle à vouloir poursuivre l'œuvre que vous avez commencée, et il proclame hautement que vous avez pris à cœur les plus grands intérêts de votre pays.

Je ne dois pas terminer sans vous apprendre que nous comptons au nombre des membres du Comice Madame la princesse Adélaïde d'Orléans, propriétaire dans le canton d'Escurolles. Son Altesse Royale a bien voulu me dire en personne tout l'intérêt qu'elle portait aux Sociétés d'Agriculture.

Notre budget côtera la somme de 100 fr., que nous recevrons annuellement de la gracieuse cotisation de Son Altesse Royale, qui s'est empressée déjà de nous faire toucher son généreux secours.

Nota. Impression demandée par les membres présents à la séance.

Riom. — Imp. de E. Léboyer.